科学与工程实践丛书 | 总策划 周忠和

植物与迷你花园

主编 黄晓 王耀村

浙江科学技术出版社

版权所有　侵权必究

图书在版编目（CIP）数据

植物与迷你花园 / 黄晓，王耀村主编 . — 杭州：浙江科学技术出版社，2023.9
（科学与工程实践丛书）
ISBN 978-7-5739-0714-1

Ⅰ . ①植… Ⅱ . ①黄… ②王… Ⅲ . ①盆栽－观赏园艺－少儿读物 Ⅳ . ① S68-49

中国国家版本馆 CIP 数据核字（2023）第 180378 号

丛 书 名	科学与工程实践丛书			
书　　名	植物与迷你花园			
主　　编	黄　晓　王耀村			
出版发行	浙江科学技术出版社 杭州市体育场路 347 号　邮政编码：310006 办公室电话：0571-85176593 销售部电话：0571-85062597 E - mail：zkpress@zkpress.com			
排　　版	杭州万方图书有限公司			
印　　刷	杭州捷派印务有限公司			
开　　本	787×1092　1/16	印　张	4.75	
字　　数	53 000			
版　　次	2023 年 9 月第 1 版	印　次	2023 年 9 月第 1 次印刷	
书　　号	ISBN 978-7-5739-0714-1	定　价	23.80 元	

策划编辑　莫亚元　　责任编辑　苏亚娟
责任校对　赵　艳　　责任美编　金　晖
责任印务　田　文

科学与工程实践丛书编委会

总策划 周忠和（中国科学院院士）

主　编 黄　晓　王耀村

副主编 吴英策　林长春

本册主编 孙宝玲

本册副主编 张　硕　靳雨晴

　　习近平总书记指出，要在教育"双减"中做好科学教育加法，激发青少年好奇心、想象力、探求欲，培育具备科学家潜质、愿意献身科学研究事业的青少年群体。科学教育是基础教育的基础。在"双减"背景下，给科学教育做加法，应该加什么？怎么加？浙江师范大学科学教育研究中心主任黄晓教授团队编写的丛书，用实际行动回应了这些教育界的关切。

　　为了做有原创价值的科学与工程实践教育课程，团队成员扎根中国本土科学教育实践，开阔国际视野，在引进和改编美国"科学与工程实践教学用书"的基础上，编写了适合我国学生使用的"科学与工程实践丛书"。

　　"科学与工程实践丛书"共6册，每册围绕一个主题划分为若干个项目，以真实情境任务作为主线贯穿始终，在各项目中融入相应的学习任务，强调科学探究与工程设计过程，重视探究问题的提出、探究活动的体验和科学方法的应用。

　　"科学与工程实践丛书"努力做好科学教育加法，主要表现为：

　　1.突显基于项目的学习关照。围绕六个与学生生活和社会发展息息相关的主题进行项目设计，以真实情境任务作为明线贯穿始终，强调基于真实任务的方案设计、建模过程与问题解决，做好科学探究与工程实践的加法。

2. 重视科学方法与科学思维。丛书围绕科学方法与科学思维，在内容编写时融入了观察、测量、预测、分类、比较、解释、推理、控制变量等科学方法，以及科学推理、科学论证、模型建构、质疑创新等科学思维，做好科学方法与科学思维的加法。

"科学与工程实践丛书"与现行义务教育课程标准要求匹配，围绕学生熟悉的六个主题，呈现挑战或问题，融合科学、社会、语言表达艺术、数学等多学科知识应用，为学生创设科学与工程实践过程体验，让学生自主设计、实验和解决问题，以提升实践能力、创新能力和问题解决能力。

中国科学院院士

美国国家科学院外籍院士

发展中国家科学院院士

第十四届全国政协常委

中国科普作家协会理事会理事长

目录

🌷 **实践背景** /1

🌷 **项目一 四季与植物生长** /3

    1.1 认识四季 /4

    1.2 植物生长环境 /7

    1.3 天气现象与符号 /10

    1.4 植物生长条件 /14

🌷 **项目二 认识身边的植物** /19

    2.1 种子里有什么 /20

    2.2 种子的萌发和生长 /24

    2.3 植物的生长与测量 /29

    2.4 多种多样的植物 /33

    2.5 制作植物手工 /38

项目三　设计迷你花园　　　　　　　　/ 42

   3.1　选择种植植物　　　　　　　　　/ 43

   3.2　规划迷你花园　　　　　　　　　/ 46

   3.3　畅想花园主题　　　　　　　　　/ 49

   3.4　绘制花园设计图　　　　　　　　/ 51

项目四　建造迷你花园　　　　　　　　/ 53

   4.1　前期准备　　　　　　　　　　　/ 54

   4.2　建造迷你花园　　　　　　　　　/ 56

   4.3　展示与分享　　　　　　　　　　/ 62

   4.4　思考与改进　　　　　　　　　　/ 64

参考文献　　　　　　　　　　　　　　　/ 68

实践背景

"同学们好！欢迎大家回到星星小学，从今天开始我们迎来了一个新的学期。"学生放假期间，学校进行了整修。班主任李老师带领同学们重新熟悉校园环境，并为大家讲解。

"请看与学校大门口正对的是我们焕然一新的教学楼，左边是校内科技馆和图书室，右边是体育场……"

小思同学平时善于观察和思考，他跟随李老师看到了学校教学楼错落有致，窗明几净，体育设施齐全，还听到了其他年级学生朗朗的读书声。但对于平时热爱植物的小思来讲，总觉得校园里的植物还是少了些。

于是小思大胆地跟老师建议："老师，可否在校园里建造一个迷你花园？"

李老师听了小思的建议后，表扬他善于观察，乐于动脑，并鼓励小思和同学们一起来建造迷你花园，为学校的绿化和美化贡献智慧。

小思开心极了，不过对于小学生来说，建造迷你花园还是具有很大的挑战性的！但小思信心满满，希望通过老师的指导与小伙伴的共同努力，实现这个愿望！

科学与工程实践小组成员

小思　　　茉茉　　　小伊　　　特特

小思：好奇心强，善于从身边的事物中发现问题，擅长开展科学探究活动，观察生活中的现象，能够通过观察、调查和实验等方式解决问题。

茉茉：勤学善思，擅长逻辑推理，具有较强的洞察力和数学运算能力，善于使用测量工具，懂得从定量的角度解释现象，能够使用多种数学方法解决真实问题。

小伊：思维敏捷，动手能力较强，能够借鉴前人的智慧，善于利用工程设计流程完成产品的设计与制作，能够根据产品的需求，进行反复的修改。

特特：自信勇敢，勇于创新，精于使用各种工具，擅长运用各种技术收集资料、分析问题并解决问题。懂得在尊重自然规律的基础上改造世界，实现与自然界的和谐共处，解决社会发展过程中遇到的难题。

项目一

四季与植物生长

项目活动

　　植物生长与环境密切相关，本项目我们将一起探究四季的变化对植物的影响，学习天气现象与天气符号，以及植物的生长需要哪些条件等知识，同时还设置了相关的观察和动手操作的活动。我们一起来接受挑战吧！

1.1 认识四季

"迟日江山丽,春风花草香。"这是对春天的描述。季节不同,则气候不同,景色也不同。让我们一起来认识四季吧!

四季

课堂讨论

1.春、夏、秋、冬四个季节的天气各有哪些特点?

2.以你认识的植物为例,说一说植物在春、夏、秋、冬四个季节有哪些变化。

3.对于其他同学所分享的植物的四季变化特点,你有哪些新想法?

项目一 四季与植物生长

你知道哪些有关四季的变化特点的知识？你对植物的四季变化还有哪些疑问？通过小组讨论，你学到了什么？用图画或文字的形式把它们填写在自我评价记录表中。

自我评价记录表

我知道	我想知道	我学会了

是什么

季节：一年分春、夏、秋、冬四季，一季三个月。由于我国地域辽阔，在不同的地方，四季的气候等变化不同。

观看关于"四季"的视频，用文字来描述四季的特征，用图画描绘你所看到的不同景象。

春

夏

秋

冬

1.2 植物生长环境

小思发现，不同的地区会生长不同类型的植物，有的植物长在高山，有的植物长在深海，有的植物附生于其他生物之上……经过思考，小思认为，要想成功种植植物，还需要认真了解各种植物的生长环境，为植物寻找舒适的"家"。

你知道下面图片分别代表什么样的生长环境吗？这些环境分别适合什么植物的生长呢？将对应的序号填写在方框内。

①北极　苔原　　②草原　牧草　　③热带雨林　兰花
④沙漠　胡杨　　⑤湿地　芦苇　　⑥山脉　杜鹃花

无论是干旱少雨的沙漠,还是气候极为恶劣的南北极地,都有植物的踪迹。不同的环境适于生长不同的植物。

天气变化会影响人类和植物的生活。生活在热带、温带、寒带的人和植物会面对不同的天气状况。

是什么

环境:人类生存的空间及其中可以直接或间接影响人类生活和发展的各种自然因素。

天气:一定区域一定时间内大气中发生的各种气象变化,如温度、降水、风、云等的情况。

课堂讨论

1. 你身边的植物生活在什么样的生长环境中?这种环境有什么特点呢?

2. 你见过哪些植物?你都认识它们吗?说一说你认识的植物,也可以把它们画出来。

根据我们所在学校周围的环境特点,在我们的花园中要选择种植什么类型的植物呢?

1.3 天气现象与符号

现在这个季节，你生活的地方的天气是什么样的呢？

下面是一些常见的天气符号，请选出对应上面四种天气的天气符号，并将相应的序号填写在方框内。

① 　② 　③ 　④

⑤ 　⑥ 　⑦ 　⑧

項目一　四季与植物生长

科学与工程实践活动　天气记录

为了更好地了解你所在地的天气情况，请你观察一个月内每天的天气情况，并记录在下表中，然后进行简单的统计，看看这一个月的天气整体情况是什么趋势。

- 记录

天气记录

日期	气温	日照强度			雨雪情况		风力大小		
		晴	阴	多云	降雨	降雪	大风	小风	无风

续表

日期	气温	日照强度			雨雪情况		风力大小		
		晴	阴	多云	降雨	降雪	大风	小风	无风

续表

日期	气温	日照强度			雨雪情况		风力大小		
		晴	阴	多云	降雨	降雪	大风	小风	无风

本月天气记录共计 _____ 天。

◉ **统计**

本月不同的天气分别有多少天呢?

（1）晴天有 _____ 天； （2）阴天有 _____ 天；

（3）多云有 _____ 天； （4）降雨有 _____ 天；

（5）降雪有 _____ 天； （6）大风有 _____ 天；

（7）小风有 _____ 天； （8）无风有 _____ 天。

◉ **讨论**

经过这段时间的观察，小思发现了一些自然环境中存在的规律，你发现这些规律了吗？和你的小伙伴一起讨论一下吧！

1. 早晨通常比下午更冷。

2. 太阳和月亮似乎从天空的某一位置升起，穿过天空，然后落下。

3. 除太阳之外的星星，在晚上可见，但在白天不可见。

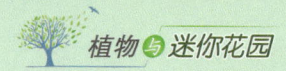

1.4 植物生长条件

植物是如何生长的？植物从播种到发育成熟需要多长时间？植物的生长需要满足哪些条件？……小思和小伙伴们一头雾水，让我们以蚕豆为例，一起来学习一下吧。

 认识蚕豆

蚕豆别名南豆、胡豆，属于豆科，草本植物。蚕豆是人类最早栽培的豆类作物之一。中国各地均有栽培。蚕豆喜温暖湿润，耐低温，但畏暑。蚕豆用途广泛，可食用或作饲料，民间可药用治疗高血压和浮肿。

豆科植物的果实属于荚果，人们常称为豆荚。荚果肥厚，果皮绿色具有白色绒毛，内有白色海绵状横膈膜。种子排成一列，成熟后，

蚕豆

由于果皮开裂散落于地上。

豆荚

课堂讨论

1. 播种后，蚕豆需要多长时间才能发育成熟？
2. 你还知道哪些植物的生长周期及特点？

 ## 植物的生长周期

植物的生长具有它自己的生命周期，观察下图，和小组同学讨论一下，植物的生长一般经历了哪几个过程？

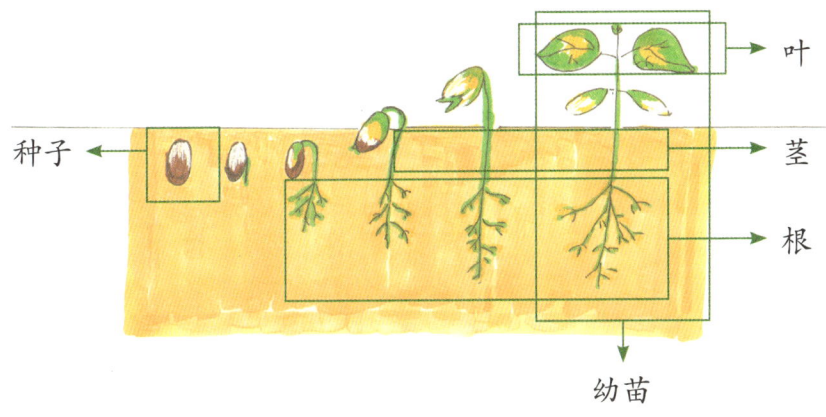

植物的生长周期

 植物与迷你花园

是什么

植物：生物的一大类，有些植物具有根、茎、叶、花、果实等结构，有些植物不全有这些结构。

种子：植物的繁殖器官，有繁殖后代的作用。不同植物的种子，它们的形状、颜色、大小各不相同。

你知道吗

蚕豆的生长周期是指播种发芽至嫩荚收获终止的全部生长发育过程。根据其生长发育特点，又将此周期分为发芽期、幼苗期、现蕾期和开花结荚期4个时期。

不同品种的蚕豆生长周期不同，一般情况下，从播种至开始采收需200天左右：发芽期10～30天，幼苗期90天左右，现蕾期35～40天，开花结荚期60天左右。

 **植物的生长条件**

小思对植物很感兴趣，之前也尝试过种植一些植物，但是有的植物能够健康地生长，有的植物却很不幸地枯萎了。于是他向有经验的爷爷求助，爷爷告诉他："这可是门学问，不同植物的生长条件不同，需要根据植物的特性选择适合它的环境，比如有的植物喜阴，有的植物喜阳……"

那么蚕豆适宜在什么样的条件下生长呢？小组讨论，将你们的讨论结果填写在下面的方框内。

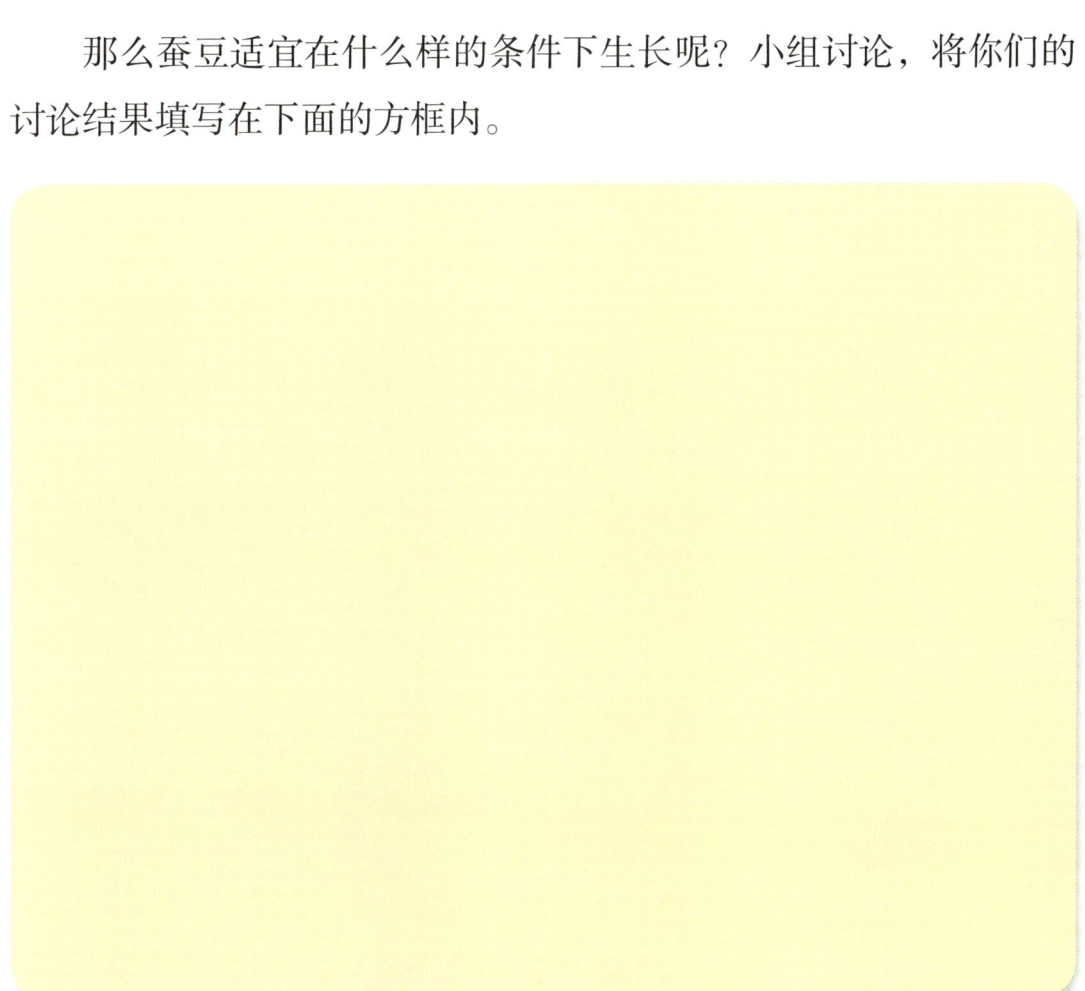

阅读学习 蚕豆的生长条件

● 温度

蚕豆喜温暖湿润，耐低温。其种子萌发的适宜温度为16摄氏度，可在5~6摄氏度发芽；幼苗生长的适宜温度为20~25摄氏度，花芽分化的适宜温度为20~25摄氏度；开花结荚的适宜温度为18~25摄氏度。

光照

蚕豆是喜光的长日照植物，蚕豆对光照变化比较敏感，植物的密度大或光照弱时，严重降低结荚率。

水分

蚕豆喜欢湿润，忌干旱，但怕涝。蚕豆的种皮比较厚，在种子萌发时需要大量的水，约为种子自身重的1~2倍。从播种到出苗都要保持土壤湿润。开花结荚期需要的水分较多，也需保持土壤湿润。

土壤营养

蚕豆最适于偏碱性且土层深厚的肥沃土壤，对盐碱地有一定的适应能力。蚕豆生长需要较多肥料，尤其在现蕾期和开花结荚期。蚕豆能与根瘤菌共生，对微量元素反应敏感。

蚕豆生长

项目二

认识身边的植物

项目活动

想要成功地种植植物，还需要对植物本身有所了解。本项目我们将通过一系列的动手操作，认识种子的内部结构，根据不同种子的萌发实验，比较它们的发育特点，探究种子的生长条件。我们还将学习植物的测量、植物的分类及不同季节对植物的影响，并制作植物手工。

2.1 种子里有什么

现在小思和同学们已经对植物的生长周期有了初步的了解,但是对种子的内部结构还一无所知,种子的内部是什么样子呢?各部分结构分别有什么功能呢?让我们一起来了解一下吧!

科学与工程实践活动 种子里有什么

为了了解种子的内部结构,小思和同学们展开了研究……

- **提出问题**

种子里有什么?

- **准备材料**

蚕豆种子

纸巾

放大镜　　　　　铅笔　　　　　牙签

- **制订计划**

1.选择颗粒饱满、无破损的蚕豆种子进行观察。

2.剥开蚕豆种子,观察种子里有什么。

- **执行计划**

1.观察蚕豆种子,预测种子里面有什么,记录在纸上。

2.将种子放在纸巾上,加水浸泡至吸满水分。

3.用手指轻轻揉搓种子,使种子的外皮脱落,也可以用牙签将蚕豆种子剥开。

4.用放大镜观察剥开的蚕豆种子。

5.在下面的方框内,画出观察到的种子内部结构。

● **分享交流**

种子里有什么？和同学分享你的发现吧！

种皮：包裹种子的皮，具有保护种子的作用。种皮上有种脐和种孔。

胚：种子里有生命的部分。

胚根：胚的一部分，位于胚轴下面，未来发育为植物根的部分。

胚轴：胚的一部分，连接胚根和胚芽，未来发育为连接根和茎的部分。

胚芽：胚的一部分，未来发育为植物的茎和叶，位于胚轴顶端。

子叶：胚的一部分，给种子萌发提供养料，有一个或两个。

胚乳：一些种子的一部分，给种子萌发提供营养。

蚕豆种子结构示意图

将自己刚才画的种子内部结构图与上面的蚕豆种子结构示意图进行对比,重新在下面的方框内画出蚕豆种子的内部结构图。

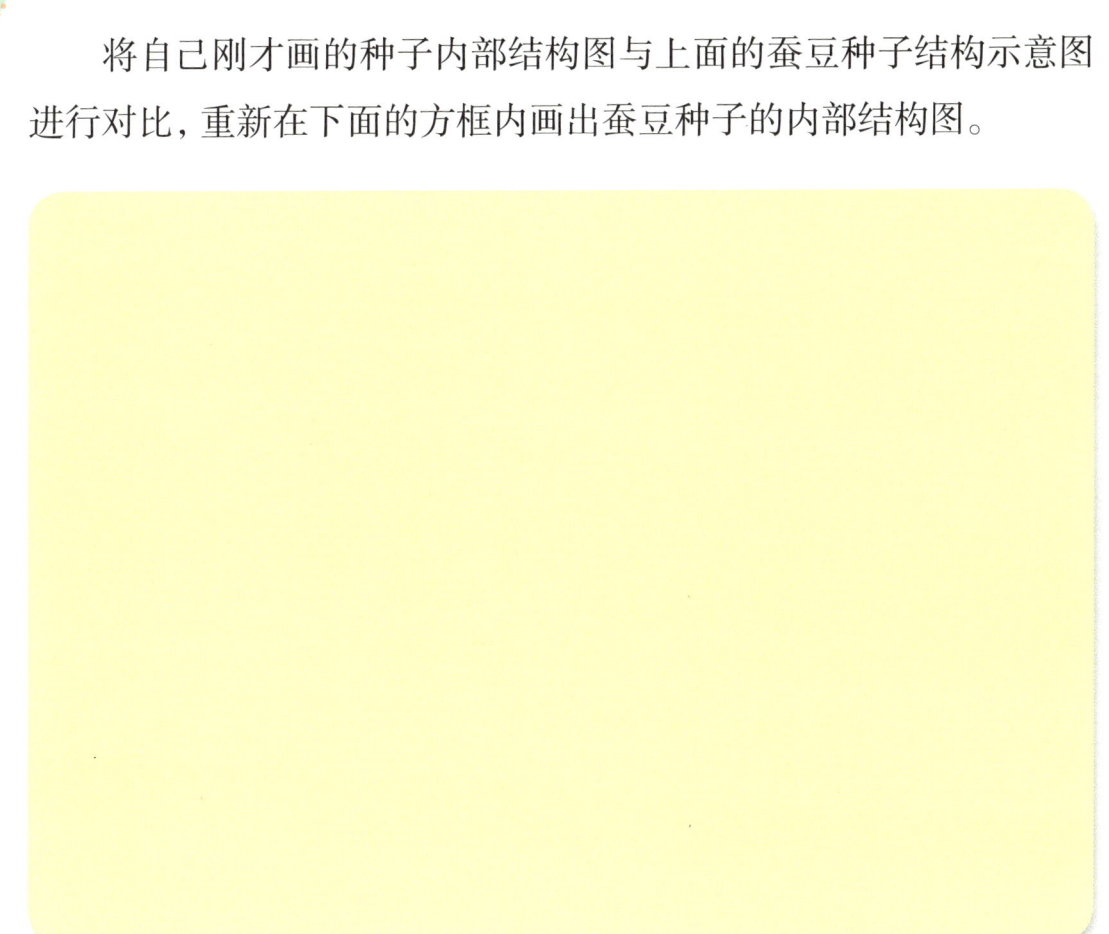

2.2 种子的萌发和生长

小思和同学们通过研究知道了种子里面到底有什么，那么在种子的萌发过程中，哪一部分会先萌发呢？在种子的萌发阶段需要注意什么呢？为了了解这些情况，他们决定开展种子萌发实验。

科学与工程实践活动 种子萌发实验

为了观察种子萌发的全过程，科学与工程实践小组成员选择了比较常见的蚕豆种子和向日葵种子开展种子萌发实验，让我们也加入到他们的实验中吧。

- 提出问题

1.哪种种子先萌发呢？

2.种子的哪一部分先萌发？

3.种子萌发过程中需要注意什么？

- 准备材料

蚕豆种子

向日葵种子

盆栽土

项目二　认识身边的植物

2个底部有孔的经裁剪　　　水　　　　　马克笔　　　　塑料盘
　　的塑料瓶

● **制订计划**

1. 种植蚕豆种子和向日葵种子。
2. 观察蚕豆种子和向日葵种子的生长情况。
3. 记录观察结果。

● **执行计划**

1. 分别用盆栽土填满塑料瓶的一半左右。

填土

2. 将几粒蚕豆种子种在其中一个塑料瓶子里，将两到三粒向日葵种子种在另一个塑料瓶子里。

播种

25

覆土

3.用适量的土盖住种子。

4.用马克笔在每个塑料瓶子上标记种子的名称。

标记

放置

5.将种植后的种子放在阳光充足的地方,并在塑料瓶子下面放置一个塑料盘。

6.浇少量的水润湿土壤。在种子萌发过程中要注意适时补充水分,保持土壤湿润。

浇水

项目二 认识身边的植物

7.观察哪个塑料瓶子里的种子先萌发,两种种子分别是哪一部分先萌发。

观察种子

● **记录结果**

我发现_____种子先萌发(填种子名称)。

观察记录(蚕豆或向日葵):种子的萌发过程(仔细观察种子的萌发情况,用图片或文字进行记录)。

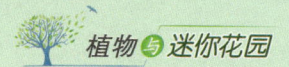

● **交流讨论**

1. 每个小组的蚕豆种子的萌发过程是怎样的?

2. 每个小组的向日葵种子的萌发过程是怎样的?

● **得出结论**

观察比较蚕豆种子和向日葵种子萌发的先后顺序,发现_____先萌发。

蚕豆种子各部分萌发的顺序是_____;

向日葵种子各部分萌发的顺序是_____。

2.3 植物的生长与测量

小思和伙伴们成功地种下了种子，但植物是如何生长的呢？如何观察和记录呢？于是，同学们向老师求助，老师告诉他们："可以通过测量植物的高度、叶片的大小、茎干的长度、花瓣的大小等信息对植物的生长进行观察记录。"那么，同学们，你们会测量吗？

 测量

下面两种物品哪个长？哪个短？

铅笔

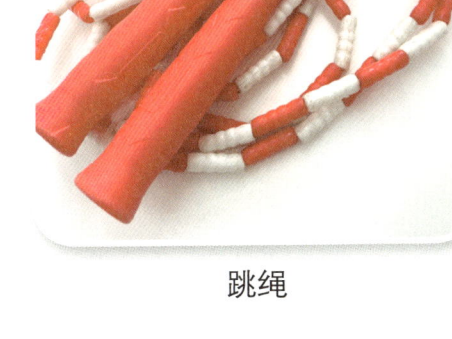

跳绳

观察铅笔与手相比的长度，选出你观察到的结果。

长一点 ☐   短一点 ☐   大致相等 ☐

植物与迷你花园

你知道吗

当你想了解物体的长度、运动速度或温度时，你就需要测量。

课堂讨论

如果"我的姐姐比我的弟弟高一点"，如何准确地描述姐姐比弟弟高多少？人们会使用什么特殊工具来测量物体？

卷尺

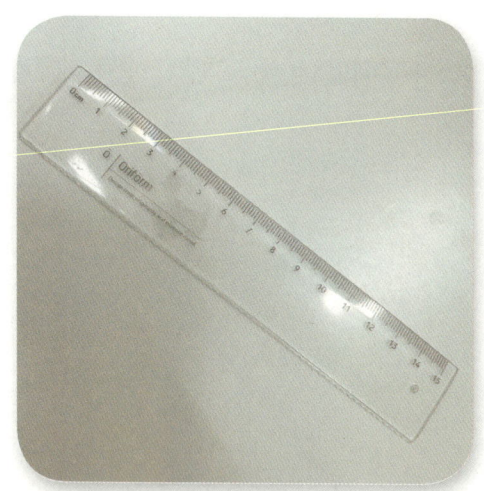

直尺

这是什么？我们应该如何使用呢？

科学与工程实践活动 **测量我最强**

● 量一量

1. 从你们的课桌上选择一件物品（比如蜡笔或橡皮）进行长度的测量，记录被测物品的测量结果。

2. 两人一组，交换你们测量的物品，并相互比较测量结果。

测量结果记录表

测量物品		
测量结果/厘米		

● 思考

你和同学的测量结果相同吗？如果测量结果不同，为什么会出现这种情况呢？

拓展活动

小组合作，观察并测量你们身边的植物，将结果填写在下面的表格中，然后小组之间交流分享不同的植物的特点。

植物观察记录表

植物名称	植物高度	叶片长度	茎干长度	花瓣长度	花瓣多少

2.4 多种多样的植物

世界上有各种各样的植物，不同的植物有不同的形态特征。你能通过观察植物的形态特征认出它们吗？

各种各样的植物

 植物与迷你花园

这么多植物，大家一定看得眼花缭乱了吧！实际上按照不同的分类标准，可以将这些植物分成不同的种类，想知道你喜欢的植物属于哪种类别吗？一起学习下面的知识吧！

 ## 植物的分类

根据植物茎的形态可以分为木本植物和草本植物。其中，木本植物包括乔木植物、灌木植物和亚灌木植物等。此外，藤本植物有草本和木本之分。

垂柳

乔木植物

高大，有明显主干的木本植物，如白杨、垂柳、雪松等，分落叶乔木和常绿乔木。

灌木植物

比乔木矮，没有明显主干的木本植物，如玫瑰。

玫瑰

杜鹃花

亚灌木植物

矮小的灌木,茎基部木本,端部草本,如杜鹃花。

草本植物

茎很少有木质结构,容易全株枯死,分一年生、两年生和多年生草本植物,如黄秋英、菊花、百合。

黄秋英

凌霄

藤本植物

茎不能直立,需要攀附在它物上生长,如葡萄、黄瓜、凌霄或豌豆。

你知道吗

植物的分类方法有多种。根据植物的生态习性来分类，它可以分为陆生植物、水生植物、附生植物、寄生植物、腐生植物。其中比较有代表性的，如荷花属于水生植物，蝴蝶兰属于附生植物，菟丝子属于寄生植物，腐生植物大多为菌类植物。

荷花

蝴蝶兰

菟丝子

蘑菇

课堂讨论

1. 你生活的地方最常见的植物有哪些？
2. 你认为季节对植物的影响大吗？
3. 不同的植物在不同的季节会发生哪些变化？

项目二　认识身边的植物

是什么

生态环境： 是指生物和影响生物生存与发展的一切外界条件的总和。外界条件包括光、温度、水分、大气、土壤等，在自然界这些因素相互关联，相互影响，共同对植物产生影响。

选择一种你熟悉的植物，试着画出它的四季变化吧！

春　　　　　　夏

秋　　　　　　冬

2.5 制作植物手工

小思要到小伊家去做客，小伊想做一些植物手工作品送给小思，你能帮助他顺利完成吗？

科学与工程 实践活动 **制作植物手工**

● **选择一种你喜欢的植物**

我选择_____，因为_____
_____。

● **观察收集材料**

你选择的植物在不同季节有什么特点？

春：_____；夏：_____；

秋：_____；冬：_____。

● **明确问题**

1. 你打算制作哪个季节的植物手工作品呢？

2. 这个季节的植物有哪些特征呢？

3. 你选择的植物在这个季节会发生什么变化？

项目二 认识身边的植物

◉ **讨论并提出方案**

小组讨论，并提出你的制作方案。

◉ **准备材料**

1个纸袋；2个塑料袋（或2～3张纸）；各种颜色的彩纸（红、橙、黄、绿、棕等）；胶水；剪刀。

你还需要准备哪些材料？请补充在下面的横线上。

◉ **设计解决过程**

写出你设计的解决过程吧。

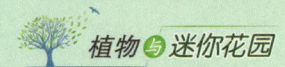

植物与迷你花园

● **植物手工设计图**

画出你的植物手工的设计图吧。

● **制作植物手工并展示分享**

介绍你制作的植物手工作品，并分享自己的研究成果。

植物手工评分表

制作人：_____

内容	等级 ☆☆☆	等级 ☆☆	等级 ☆	评价（涂色）
设计要求	有根部、茎干、叶子（花）	只有茎干、叶子（花）	只有茎干	☆☆☆
美观度	能体现所研究季节的植物特点	能部分体现所研究季节的植物特点	不能体现所研究季节的植物特点	☆☆☆
材料利用率	能够充分合理地使用材料	使用了部分材料	大部分材料没有使用	☆☆☆

你一共获得了几颗星？你认为还有哪些地方需要改进？

项目三

设计迷你花园

项目活动

本项目即将进入迷你花园的设计环节，我们将认识不同种类的花园，讨论我们想要什么样的花园以及想种植哪些植物，学习如何营造适宜植物生长的环境，了解在花园的建造过程中需要哪些材料，并学会用工程师的方式思考问题。

3.1 选择种植植物

小思和同学们已经学习了很多与植物生长相关的知识，在本项目中，你们将一起为学校设计一个种植植物的迷你花园。

现在就开始吧！

 **多样的花园**

生活中有很多不同种类、不同形式的花园，比如我们最常见的阳台上的迷你花园、校园的花坛、教室窗台上的迷你花园等。

室外全自动种植架

室外垂直种植架

植物与迷你花园

室内全自动种植架

室外手动种植架

小思观察到，不同类型的迷你花园，所需要的空间大小不同，所种植的植物类型也都不同。我们在设计迷你花园时，也要根据学校的可利用空间、所在地的气候、想要种植植物的特点来进行设计和选择。

课堂讨论

迷你花园有很多种类型，你想建造什么样的迷你花园呢？你想在迷你花园中种植哪些植物呢？说说你的理由。

项目三 设计迷你花园

通过前期的观察、学习和亲自动手操作，小思和同学们已经学习了很多关于植物和迷你花园的知识，那么亲爱的小朋友，你还记得这些知识吗？

请你完成下面的自我评价记录表，把你知道的知识记录在"我知道"中，把你想知道的知识记录在"我想知道"中，把你学到的知识记录在"我学会了"中。

自我评价记录表

我知道	我想知道	我学会了

3.2 规划迷你花园

你们知道工程师是如何工作的吗?他们是通过怎样的方式来实现自己的目标的?

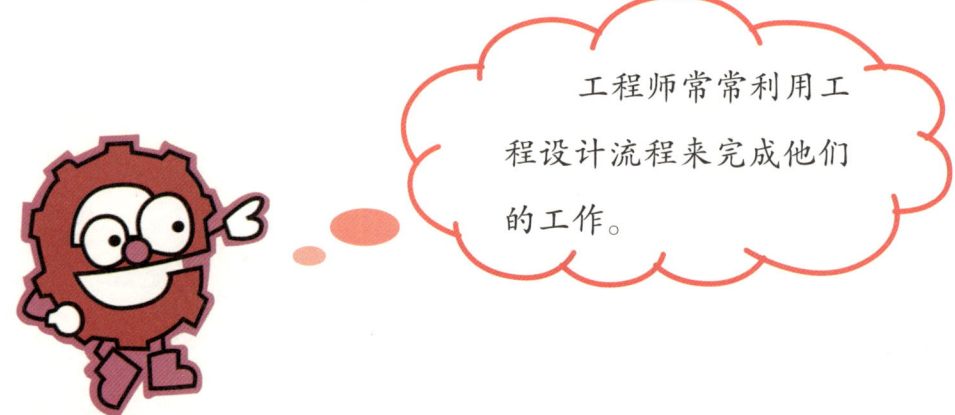

工程师常常利用工程设计流程来完成他们的工作。

工程设计流程

步骤	具体内容
定义问题	提出你要解决的问题,确定解决此问题所需要的时间和帮助
了解问题	通过查阅相关资料、开展头脑风暴等方法提出多种解决方案,研究并选择最优方案
拟订解决方案	计划你的工作,确定所需材料,分配小组成员任务,也可以绘制草图
尝试解决方案	建构模型,不断修改、完善

续表

步骤	具体内容
测试解决方案	测试你的解决方案是否解决了你提出的问题
确定解决方案	根据你在测试阶段发现的问题，你可以调整解决方案或对模型进行再次整改

同学们已经学习了工程设计流程的相关内容，知道了工程师是如何工作的，现在让我们开始完成建造迷你花园这一挑战吧！

 ## 定义问题

我们需要先知道成功标准和限制条件，例如迷你花园应满足哪些条件，这就是成功标准。建造迷你花园时会面临哪些困难，这就是限制条件。

小思考虑到一个人的想法是有限的，于是他就找到了特特、小伊和茉茉组建小组，分工合作，共同解决问题。

为了设计更好的花园，还需要知道哪些内容呢？在你认为需要了解的条件前打"√"。

□当地的天气
□可以在这个季节生长的植物
□植物的生长条件
□在学校可利用的空间

植物与迷你花园

思考迷你花园应满足哪些条件，以及你在挑战中将会面临哪些困难，并将它们记录在下表中。

建造迷你花园的成功标准和限制条件

成功标准	限制条件

3.3 畅想花园主题

 了解问题

定义问题后需要进一步了解问题。了解问题就是通过查阅相关资料、开展头脑风暴等方法来提出多种解决方案,然后研究并选择最优方案。

建造迷你花园之前,需要设计花园主题和思考花园的布局,你有哪些想法?

和你的小组成员一起选择下面一个问题,查阅相关资料并进行头脑风暴。

1. 你可以在哪里放置你的迷你花园?
2. 你可以在迷你花园中种植什么?
3. 建造迷你花园需要哪些材料?
4. 你将如何防治虫害?

你有其他想要了解的问题吗?

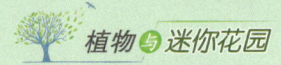

是什么

头脑风暴

小组成员围绕一个中心问题，畅所欲言，发表尽可能多的观点。讨论过程中不要对任何观点进行反驳，但可以对他人的观点进行补充。讨论结束后对各种观点进行反复比较和筛选，确定最佳方案。

这种方法简便高效，能够在短时间内产生大量的灵感，体现团队的智慧。

请将头脑风暴的结果用文字或图画的形式记录在下面的方框中。

3.4 绘制花园设计图

拟订解决方案

相信你对自己的花园已经有了初步的构想，接下来，你需要用草图的形式将方案表现出来，并注明所需材料哦！

现在开始画出你的花园设计图吧！

设计图应包括：(1)位置；(2)材料；(3)害虫防治措施；(4)灌溉措施。

按照你的设计图建造迷你花园需要哪些步骤呢?试着写一写吧!

项目四

建造迷你花园

项目活动

　　本项目即将进入建造迷你花园的环节,通过之前的设计环节,大家已经有了很好的基础,现在将要一步步地执行:准备材料,分工操作。执行过程中有很多注意事项,一定要与小组成员共同讨论。大家在展示分享自己的成果后,再对自己的作品重新思考。

4.1 前期准备

建造迷你花园需要准备哪些物品呢？请根据下列提示列出需求清单吧（用文字或图画）！

1. 建造迷你花园会用到哪些材料？
2. 需要多少土壤？
3. 将种植哪些植物？需要多少种子或幼苗？
4. 会用到哪些工具？
5. 如何为植物提供足够的水？

我的需求清单

项目四　建造迷你花园

现在每个小组已经基本确定了需要的材料,那么这些材料应该如何获取呢?

不同材料的获取方式

所需材料名称	获取方式
花盆	购买或其他物品再利用

 植物与迷你花园

4.2 建造迷你花园

 **尝试解决方案**

初步确定好一个具体方案之后,小组合作讨论,看看如何使这个方案更加完善。一个优秀的作品,通常都是不断地改变和磨合完善才形成的。然后就可以开始尝试解决方案,按照设计方案制作模型。

相信每个小组都已经设计好了自己的迷你花园,下面就让我们行动起来,根据之前设计的草图和计划开始建造迷你花园吧!

以下是垂直迷你花园的建造步骤,大家可以参考。

① 制作花瓶

② 装入土壤

项目四 建造迷你花园

插入枝条或埋入种子并浇水

将花瓶绑在架子上

迷你花园已经建造好啦！同学们还要持续观察和记录迷你花园的生长情况哦。

你知道吗

芜园是吴征镒童年的乐园，里面有多种花草，还有各种鸣虫。小时候，只要有人找他，就听到他母亲和老妈妈的叫声："又溜到大院子里去了！"他6岁时认识了2000多个字，9到11岁时，已经能读懂文言文，读了他父亲的许多藏书，比如记载许多花草的《神州国光集》、清代植物学家吴其濬的《植物名实图考》、吴友如用"工笔画"石印的《点石斋画报》等，引发了他对植物的浓厚兴趣。从此按图索骥，认识了芜园中各种野生和栽培的花草树木。

课堂讨论

中国植物学家吴征镒先生在童年经历了怎样的过程,从而对植物产生了浓厚的兴趣?

测试解决方案

一旦建构了模型,你就需要对它进行测试。测试解决方案就是用合理的方式测试模型并收集数据,根据数据对模型进行评估。

同学们开始观察和记录自己小组建造的迷你花园吧!注意收集植物生长的数据信息,每人完成一份观察日志,可以使用彩笔绘图哦。

选择迷你花园中的一种植物,其名称是_____。

观察日志

观察时间	植物高度	天气	温度	病虫害情况	灌溉次数	收获数量

续表

观察时间	植物高度	天气	温度	病虫害情况	灌溉次数	收获数量

小组讨论，制订一份养护迷你花园的人员安排表。小组成员需轮流完成养护花园的各项任务。

养护过程中要注意安全哦！

养护人员安排表

任务	第___小组				
	周一	周二	周三	周四	周五
浇水和除草					
施肥					
病虫害防治					
工具使用后清洗干净并收好					
其他					

通过观察，你有什么发现呢？按照下面的提示把它们记录下来吧！

1 你们的植物有了哪些变化？变化了多少呢？

_____
_____

2 你们的植物看起来健康吗？你认为植物的基本生长条件满足了吗？

_____
_____

3 有没有某种植物生长得比其他植物要好？为什么会这样呢？

_____
_____

4 你们的花园有灌溉系统吗？如果有，灌溉系统是如何运行的？

_____
_____

4.3 展示与分享

下面，请向大家展示你们组的迷你花园吧。可选择不同的方式进行展示哦！

 **文字展示**

你们组的迷你花园是怎样的？种了哪些植物？你们是如何满足植物的基本需求的？植物的生长情况如何？请用文字写出来吧！

 **绘图展示**

将美丽的花园和丰富多彩的植物画出来吧！

彩泥展示

用彩泥捏出你们组的迷你花园和种植的植物吧！将彩泥花园的照片贴在下面的方框内。

除了这些，你也可以采用其他方式进行展示哦！

4.4 思考与改进

经过展示与分享,大家给你们小组的迷你花园提出了什么意见?请把它们记录下来吧!

迷你花园意见记录表

迷你花园的优点	迷你花园的不足

现在你们对迷你花园有了更深的了解,你觉得怎样改进花园可以使植物更好地生长?如何改进设计有利于迷你花园的养护?用文字和图画记下你的改进方案吧!

根据测试结果和他人的反馈,不断思考与改进,才能做出更好的产品!

我的改进方案

建造迷你花园评价表

小组名称：＿＿＿＿＿＿＿＿＿＿

分值	定义问题：确定问题	得分
15~20	小组成员在教师指导下完全能够确定建造迷你花园需要解决的问题	
6~14	小组成员在教师指导下部分能够确定建造迷你花园需要解决的问题	
0~5	小组成员在教师指导下几乎不能确定建造迷你花园需要解决的问题	

续表

分值	了解问题：查阅资料	得分
8~10	小组成员在教师指导下完全能够通过查阅资料和头脑风暴来解决建造迷你花园过程中的问题	
4~7	小组成员在教师指导下部分能够通过查阅资料和头脑风暴来解决建造迷你花园过程中的问题	
0~3	小组成员在教师指导下几乎不能通过查阅资料和头脑风暴来解决建造迷你花园过程中的问题	
分值	拟定解决方案：分工和设计	得分
15~20	小组成员在教师指导下完全能够在建造迷你花园过程中进行小组分工和设计建造图	
6~14	小组成员在教师指导下部分能够在建造迷你花园过程中进行小组分工和设计建造图	
0~5	小组成员在教师指导下几乎不能在建造迷你花园过程中进行小组分工和设计建造图	
分值	尝试解决方案：动手实践	得分
15~20	小组成员在教师指导下完全能够开展建造迷你花园的动手实践	
6~14	小组成员在教师指导下部分能够开展建造迷你花园的动手实践	

续表

分值	尝试解决方案：动手实践	得分
0~5	小组成员在教师指导下几乎不能开展建造迷你花园的动手实践	

分值	测试解决方案：检测产品	得分
8~10	小组成员在教师指导下完全能够完成迷你花园的观察与记录	
4~7	小组成员在教师指导下部分能够完成迷你花园的观察与记录	
0~3	小组成员在教师指导下几乎不能完成迷你花园的观察与记录	

分值	确定解决方案：调整方案	得分
15~20	小组成员在教师指导下完全能够修改和调整迷你花园的建造方案	
6~14	小组成员在教师指导下部分能够修改和调整迷你花园的建造方案	
0~5	小组成员在教师指导下几乎不能修改和调整迷你花园的建造方案	

参考文献

［1］中国社会科学院语言研究所词典编辑室.现代汉语词典［M］.北京：商务印书馆，2017.

［2］陈德第.国防经济大辞典［M］.北京：军事科学出版社，2001.

［3］中国科学院中国植物志编辑委员会.中国植物志：第42卷 第二分册［M］.北京：科学出版社，1998.

［4］龚勋.中国儿童百科全书：植物王国［M］.北京：中国书店，2010.

［5］包世英.蚕豆生产技术［M］.北京：北京教育出版社，2010.

［6］王宇雨.植物之诗：植物学家吴征镒［M］.南昌：江西高校出版社，2012.